料理名家私房常備

「冷凍調理包」
百變食譜

藤井惠

「冷凍調理包」是我們家的常備物

忙得沒時間上街買菜，或者累了一天回到家，你都怎麼解決三餐呢？在我們家，將肉和魚事先調味好，然後冷凍起來的「冷凍調理包」，總是大大派上用場。

雖然常備菜也很方便，但一直冰在冰箱難免走味，而且連吃好幾天容易膩，家人都不想動筷子了，結果只是浪費食物而已，這種經驗想必很多吧。

但是，將肉和魚直接冷凍起來，煮飯時再解凍、調理，整個過程也很累人。

不斷嘗試、改進到最後，我終於找到了好方法──那就是將食材做成冷凍調理包。

冷凍調理包的好處

1 前置作業很簡單
將調味料、食材（肉、魚）放入夾鏈袋中，充分揉勻，再冷凍起來即可。

2 無須解凍、直接冷凍調理
冷凍調理包無需解凍，可以直接蒸、煮、炒、烤、炸，應用於各種料理上。

3 不需要再調味
做好「冷凍調理包」的同時，就已經完成「料理的基本」了。由於調理包已經確實調味好，烹煮時不需要再次調味。

4 可冷凍一個月
常備菜冷藏起來，保存期限最長一週。但冷凍調理包可以保存一個月。對於忙得沒時間上街買菜的人來說，真是一大福音。

5 冷凍更好吃
冷凍會破壞食材的細胞膜，使調味料更入味，而且可以去掉肉和魚多餘的水分，增加鮮味。此外，有些調味料還能讓肉質更為柔嫩。

6 自由調配吃不膩
本書雖然有介紹推薦的調味方式與食材組合，但其實並無一定的規則，可以自由組合無極限！因此每天都能大快朵頤，不會吃膩。

CONTENTS

冷凍調理包 3 步驟超簡單！

① 裝袋→② 揉勻調味→③ 冷凍。作法超簡單，沒有特別的規則，可自由組合無極限。

材料

肉、魚

雞胸肉 ▶ page 8
雞腿肉 ▶ page 12
雞翅 ▶ page 16
豬絞肉 ▶ page 20、24
牛豬混合絞肉 ▶ page 28
薄豬肉片 ▶ page 32、36
豬排用肉片 ▶ page 40
牛肉片 ▶ page 43、47、50
鱈魚 ▶ page 53
鮭魚 ▶ page 56
鯖魚 ▶ page 60

POINT

偏厚的雞肉、豬排用肉片、魚塊等，宜先斜切成稍大的一口大小。切好冷凍起來，烹煮時無需解凍，可直接調理。

調味用調味料（15 種）

法式清湯口味 ▶ page 8
唐多里口味 ▶ page 12
照燒口味 ▶ page 16
酒鹽口味 ▶ page 20
麻婆口味 ▶ page 24
漢堡口味 ▶ page 28
薑燒口味 ▶ page 32
豬肉番茄醬口味 ▶ page 36
味噌優格口味 ▶ page 40
燒肉口味 ▶ page 43
苦椒醬口味 ▶ page 47
紅酒口味 ▶ page 50
白酒香草口味 ▶ page 53
酒粕味噌口味 ▶ page 56
南洋口味 ▶ page 60

① 將材料裝進袋中

依下列步驟進行：倒入調味用的調味料→揉勻→放入食材（肉、魚）。

POINT

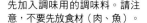

先加入調味用的調味料。請注意，不要先放食材（肉、魚）。

倒入調味料後，確實混合，用手從袋子外側充分揉勻。

★請使用冷凍保存專用的夾鏈袋。
本書所使用的袋子大小（2 人份）為：
長約 20× 寬約 18cm。這種大小最適合。

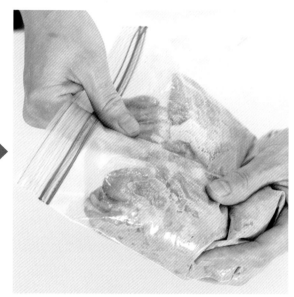

② 充分揉勻

整袋充分揉勻，讓食材均勻裹上調味料。

③ 冷凍

為了讓食材的冷凍狀態一致，宜將夾鏈袋撫平，擠出空氣、封緊袋口後再冷凍。冷凍保存期限約為一個月。

POINT

除了放入袋中混合，也可以先放在調理盆中混合好，再放入夾鏈袋中。絞肉的話，先在碗中混合好再裝袋，能混拌得較均勻。

POINT

為了不讓食材溢出來，宜先將袋口封閉⅘左右，然後放在料理台上，從袋子的底部往封口方向撫平，這樣也能同時將空氣擠出來。最後再將封口完全封緊。

放在金屬製的平底方盤中冷凍的話，不僅能夠冷凍成平板狀，也有加速冷凍的效果。

冷凍調理包無須解凍
直接加熱即可

① 冷凍狀態下直接掰開、分解、切割→② 放入湯鍋或平底鍋中→③ 加熱，
三個步驟即大功告成，之後也不必再加調味料。

① 直接掰開、分解、切割

絞肉和薄肉片的冷凍調理包，由於裝袋時已經壓整成平板狀了，即便在冷凍狀態下也能直接切或撕成合宜的大小。

絞肉、薄肉片、
魚塊，全都可以
做成冷凍調理包。

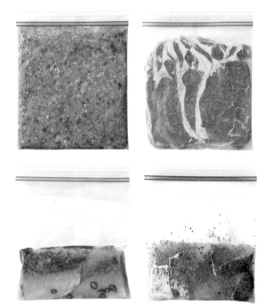

魚塊或雞肉的話，只要整袋放在流水下方讓表面解凍，即能輕易分解成塊。

絞肉冷凍成有厚度的肉塊，可以直接用菜刀切開。

② 直接下鍋

將冷凍絞肉掰成塊，直接放入加熱好的平底鍋中，開始熱炒。

魚塊也是在冷凍狀態下一塊一塊、皮面朝下地放入平底鍋中。

鍋中先放入蔬菜，再放入掰成適當大小的冷凍肉塊。

在冷凍狀態下直接裹上麵衣。

③ 加熱

待單面煎出焦色、周圍開始解凍，即可用木匙將絞肉炒散。

照一般方式以中火煎即可。

加水，咕嘟咕嘟地煮熟即可。

以中溫的油慢慢炸。

用雞肉 做冷凍調理包

最適合做成冷凍調理包的食材就是雞肉了。若將生鮮雞肉直接冷凍,解凍時肉汁容易流失,烹煮後口感往往變得很乾柴。但做成冷凍調理包後,不論燉煮、煎炒或微波,都能品嘗到柔嫩多汁的肉質。

雞胸肉的冷凍調理包　法式清湯口味

想做西式料理時,這種冷凍調理包太好用了。
平易近人的風味,從小朋友到年長者都會喜歡。
不僅能當主菜,也適合配白飯,可說是一道萬用料理。

材料(1袋・約2人份)
雞胸肉…小2塊
法式清湯口味的調味料
　洋蔥(磨成泥)…2大匙
　白葡萄酒…1大匙
　法式清湯的高湯粉(顆粒)
　　…1小匙
　鹽…½小匙

作法
① 將雞胸肉斜切成4～5等分。
② 參考 p.4,將法式清湯口味的調味料倒入夾鏈袋中,充分揉勻,再將①的肉放進去,從袋子外側充分搓揉使之入味,然後壓整成平板狀,封住袋口。
③ 參考 p.5,冷凍起來。

雞胸肉或雞腿肉都是先斜切成薄片,再做成冷凍調理包。這樣冷凍和解凍都很快,可節省烹煮時間。

處理雞翅時,可先沿著骨頭劃兩刀,再製作成冷凍調理包,這樣就能確實入味。

 保存期限約為冷凍一個月。壓整成平板狀,冷凍和解凍都更快。

用平底鍋煎

待單面煎出焦色，雞肉解凍、變軟後，就可翻面。

由於很容易煎焦，須特別留意。

嫩煎雞肉

冷凍調理包不需要解凍。
只要放在流水下方讓表面解凍後，
就能把肉一塊一塊分開了。
可在冷凍狀態下直接下鍋煎，
是一道超省時料理。
做成便當菜也很方便。

材料（2 人份）
雞胸肉的冷凍調理包
法式清湯口味
　　▶ **page 8** … 1 袋
油 … 1 小匙
生菜嫩葉 … 適量

作法
① 將雞胸肉的冷凍調理包放在流水下方，讓表面解凍，然後從袋子外側輕輕搓揉，將肉一片一片分開。
② 平底鍋中熱好油後，將肉排進去，蓋上鍋蓋，以中火煎 5 分鐘左右。待煎出焦色後翻面，拿開鍋蓋，續煎 4 ～ 5 分鐘。
③ 盛盤，旁邊放上生菜嫩葉。

炸雞

雞肉不用解凍，直接裹上麵衣。
調理要訣在於用中溫的油慢慢炸熟。

材料（2 人份）
雞胸肉的冷凍調理包‧法式清湯口味 ▶ page 8 ⋯ 1 袋
麵粉⋯適量
炸油⋯適量
喜歡的葉菜（香菜、西洋菜等）⋯適量

作法
① 將雞胸肉的冷凍調理包放在流水下方，讓表面解凍，然後從袋子外側輕輕搓揉，將肉一片一片分開。
② 從袋中取出肉片，兩面裹上麵粉。
③ 將炸油加熱至中溫（170℃），再將②放進去，以中火炸 7 ～ 8 分鐘，炸得恰到好處後，和喜歡的葉菜一起盛盤。

雞肉要確實裹上麵粉，
讓表面全部呈白色。

炊飯

米洗好後加一點水，放上蔬菜和冷凍的雞肉蒸煮即可。
米飯充分入味，好吃極了！

材料（容易製作的分量）
雞胸肉的冷凍調理包‧法式清湯口味 ▶ page 8 ⋯ 1 袋
米⋯360ml
水⋯340ml
胡蘿蔔⋯1/3根
蘑菇⋯約 150g（一盒）
奶油⋯20g
巴西里（切碎）⋯少許

作法
① 米洗淨後瀝乾水分，放入電鍋，加入材料中的水，浸泡 30 分鐘。
② 從冷凍庫拿出雞胸肉的冷凍調理包，放在室溫下，直到蔬菜準備完成。
③ 胡蘿蔔去皮、切碎。蘑菇切除根部再切成薄片。
④ 將③的蔬菜放入①中，再將②的雞肉掰成大塊後放上去，依一般方式蒸煮。蒸好後放入奶油，全體拌勻，盛盤後撒上巴西里。

煮

將雞肉掰成適當大小放入鍋中，
再放入蔬菜，
加水燉煮即可。

法式蔬菜燉肉鍋

冷凍會破壞雞肉的纖維，
讓肉的美味流進湯中，
煮出肉汁鮮美的極上湯品。
而且能吃到豐富又可口的蔬菜。

材料（2人份）

雞胸肉的冷凍調理包
法式清湯口味

　▶ page 8…1 袋
馬鈴薯…小 2 個
胡蘿蔔…1 根
綠花椰菜…½ 個
水…2 杯
顆粒芥末醬…適量

作法

① 從冷凍庫拿出雞胸肉的冷凍調
　理包，放在室溫下，直到蔬菜準
　備完成。

② 馬鈴薯去皮，不必切開，整顆
　使用。胡蘿蔔去皮，縱向對半切
　開，再切成適當大小。綠花椰菜
　分成小朵。

③ 將①的肉掰成大塊後放入鍋
　中，再放入馬鈴薯、胡蘿蔔、材
　料中的水加熱。煮滾後以中火續
　煮 10 ～ 15 分鐘。

④ 放入綠花椰菜，煮 1 ～ 2 分鐘
　後盛入碗中。可隨個人喜好加點
　顆粒芥末醬。

雞腿肉的冷凍調理包　唐多里口味

這是高人氣的印度料理唐多里烤雞風的咖哩口味。
用來調味的美乃滋內含油脂，讓雞腿肉不論煎或煮，
都柔嫩得驚人。

材料（1 袋・約 2 人份）

雞腿肉…大 1 塊

唐多里口味的調味料

日式美乃滋…2 大匙
番茄醬…1 大匙
白葡萄酒或米酒…1 大匙
咖哩粉…2 小匙
薑（磨成泥）…1 小匙
蒜（磨成泥）…1 小匙
醬油…1 小匙
鹽…½ 小匙

作法

① 將雞腿肉斜切成 4 ～ 5 等分。

② 參考 p.4，將唐多里口味的調味料放入夾鏈袋中，充分揉勻，再將①的肉放進去，從袋子外側充分搓揉使之入味，然後壓整成平板狀，封住袋口。

③ 參考 p.5，冷凍起來。

 保存期限約為冷凍一個月。壓整成平板狀，冷凍和解凍都更快。

用烤箱烤

不需解凍。以冷凍狀態直接進烤箱，便能鎖住雞汁，讓肉質更鮮美。

唐多里烤雞

將冷凍的肉塊直接放在烤盤上，
光用烤箱就能烤出道地的印度料理。
簡單又色味俱全，冷了也好吃，
最適合帶去參加一人一菜派對。

材料（2 人份）
雞腿肉的冷凍調理包
唐多里口味
　　▶ **page 12**…1 袋
西洋菜等…適量

作法
① 將雞腿肉的冷凍調理包放在流水下方，讓表面解凍，然後從袋子外側輕輕搓揉，將肉一塊一塊分開。
② 烤盤鋪上烘焙紙，擺上肉塊，用 200℃ 的烤箱約烤 20 分鐘，烤至顏色恰到好處為止。
③ 盛盤，旁邊放上西洋菜。

雞肉火腿沙拉

將冷凍的肉塊直接用微波爐加熱，味道就和日本便利超商的人氣商品「雞肉火腿」一模一樣。雞肉怎麼調味都好吃，搭配沙拉最適合了！

材料（2 人份）
雞腿肉的冷凍調理包
唐多里口味
　　▶ page 12…1 袋
紅葉生菜…4 片
小番茄…6 個
檸檬…¼個

作法
① 將冷凍調理好的雞腿肉從夾鏈袋中取出，放在耐熱器皿上，封上保鮮膜後，用 600W 的微波爐加熱 8 分鐘。
② 靜置待①的熱氣散去後，切成適當大小。
③ 將撕開的紅葉生菜、對切的小番茄放在盤中，放上②，旁邊擺上檸檬。

微波加熱後的狀態。浸在醬汁裡冷藏可保存 3 天左右。

咖哩雞肉火腿三明治

雞肉火腿沙拉的進化版！
咖哩口味的雞肉火腿，搭配胡蘿蔔、西洋菜等帶有特殊風味的蔬菜特別對味。

材料（2 人份）
雞腿肉的冷凍調理包・唐多里口味
　　▶ page 12…½袋
吐司（厚 1.5cm）…4 片
胡蘿蔔…½根
西洋菜…6 根
奶油…適量

作法
① 將冷凍調理好的雞腿肉從夾鏈袋中取出，放在耐熱器皿上，封上保鮮膜後，用 600W 的微波爐加熱 8 分鐘。靜置待熱氣散去後，切成適當大小。
② 胡蘿蔔去皮、切絲，用 600W 的微波爐加熱 30 秒，擠乾水分。
③ 吐司單面塗上奶油，擺上胡蘿蔔、西洋菜、①，再蓋上一片吐司，用保鮮膜包起來，放置片刻使之定形，再對半切開即可。

咖哩煮雞肉、馬鈴薯、青豆仁

將材料全部入鍋煮 15 分鐘即可。
雖然燉煮時間短，但肉汁和調味料都能充分滲入馬鈴薯中。

材料（2 人份）
雞腿肉的冷凍調理包・唐多里口味
　　▶ page 12 …1 袋
馬鈴薯…1 個
青豆仁…1 杯
水…1 杯

作法
① 馬鈴薯去皮，切成 2cm 塊狀，快速沖洗一下。
② 將雞腿肉的冷凍調理包放在流水下方，讓表面解凍，然後從袋子外側輕輕搓揉，將肉一片一片分開。
③ 鍋中依序放入②、①、青豆仁、材料中的水加熱，煮滾後蓋上鍋蓋，以中火續煮約 15 分鐘。過程中需不時攪拌，煮到收汁為止。

烹調煮物時，放入食材的順序很重要。肉類要放在最下面，再放上蔬菜。

雞翅的冷凍調理包　照燒口味

甜甜鹹鹹的日式調味，除了雞翅之外，
也適合搭配雞腿、牛豬混合絞肉、切塊鮭魚等食材，活用度相當高。
由於使用了砂糖和味醂，烹調時有點容易燒焦，需特別留意。

材料（1袋・約2人份）
雞翅…6根
照燒口味的調味料
　醬油…1⅓大匙
　米酒…1⅓大匙
　砂糖…½大匙
　味醂…½大匙

作法
① 為了讓雞翅更容易入味，先在背面（表皮的另一面）沿著骨頭劃入切痕。
② 參考 p.4，將照燒口味的調味料放入夾鏈袋中，充分揉勻，再將①的肉放進去，從袋子外側充分搓揉使之入味，然後壓整成平板狀，封住袋口。
③ 參考 p.5，冷凍起來。

 保存期限約為冷凍一個月。壓整成平板狀，冷凍和解凍都更快。

油炸

由於在冷凍狀態下直接油炸，油溫容易下降，請注意調整火力大小。

香炸雞翅

花一點時間慢慢炸好的雞翅，
外皮酥脆、香氣四溢！
不妨多加點青蔥、薑末等富香氣的
蔬菜一起享用。

材料（容易製作的分量）
雞翅的冷凍調理包・照燒口味
　▶ page 16…1 袋
麵粉…適量
炸油…適量
A 珠蔥（斜切成薄片）…2 根
　薑（切碎）…約 15g
　醋…½ 大匙

作法
① 將雞翅的冷凍調理包放在流水下方，讓表面解凍，然後從袋子外側輕輕搓揉，將雞翅一根一根分開。
② 將①的兩面均勻裹上麵粉，放入加熱至中溫（170℃）的炸油中，炸 7 ～ 8 分鐘，直到外皮呈金黃色為止。
③ 將油瀝乾後盛盤，添上混合好的 A。

▶ page 16

用烤箱烤

雞翅烤出焦色後，
再塗上剩下的醬汁。
這樣能讓烤色更漂亮，
風味更是翻倍。

照燒雞翅

將冷凍的雞翅直接放入烤箱烤即可。
若不用一般烤箱，
改用瓦斯爐烤箱的話，
就以小火烤 10 ～ 15 分鐘即可。

材料（容易製作的分量）

雞翅的冷凍調理包・照燒口味
　　▶ page 16 … 1 袋
山椒粉…少許

作法

① 將雞翅的冷凍調理包放在流水
下方，讓表面解凍，然後從袋子
外側輕輕搓揉，將雞翅一根一根
分開。袋中剩下的醬汁留起來備
用。

② 烤盤鋪上烘焙紙，擺上①的
雞翅，用 220℃ 的烤箱烤 10 ～
15 分鐘左右後取出，塗上①的醬
汁，再續烤 5 ～ 10 分鐘。

③ 盛盤，撒上山椒粉。

煮

將所有食材放入鍋中煮即可。
冷凍調理包本身即可取代調味料，
還能煮出美味的高湯。

黃豆煮雞翅

冷凍調理的雞肉煮過後，
味道就像燉煮好幾小時那般美味。
除了黃豆，使用牛蒡、蓮藕等
根莖類蔬菜也很美味。

材料（2 人份）
雞翅的冷凍調理包・照燒口味
　▶ **page 16** … 1 袋
水煮黃豆（罐頭）… 1 罐
長蔥… 1 根
薑…約 15g
水… 1 杯

作法
① 長蔥切成 5cm 長，薑切成薄
片。
② 將雞翅的冷凍調理包放在流水
下方，讓表面解凍，然後從袋子
外側輕輕搓揉，將雞翅一根一根
分開。
③ 鍋中放入水煮黃豆、①、②、
材料中的水加熱，煮滾後蓋上鍋
蓋，以中火續煮 15 ～ 20 分鐘。
過程中需不時攪拌，煮到收汁為
止。

用絞肉做冷凍調理包

冷凍調理包中應用程度最高、最方便的就是絞肉了。冷凍成薄片狀的絞肉，比其他肉類更容易切分，因此，少量取用也不成問題。此外，如果冷凍成厚片狀，還能做成漢堡肉、炸肉餅等分量十足的菜餚。

豬絞肉的冷凍調理包　酒鹽口味

這款冷凍調理包使用的調味料非常單純。
除了絞肉之外，這種調味組合也適合搭配各種食材。
這裡用了生薑來增添風味，因此非常適合做成日式或中式的菜餚！

材料（1袋・約2人份）
豬絞肉⋯200g
酒鹽口味的調味料
　米酒⋯1大匙
　薑（磨成泥）⋯1大匙
　片栗粉⋯1小匙
　鹽⋯¾小匙

作法
① 參考p.4，將酒鹽口味的調味料放入夾鏈袋中，充分揉勻，再將絞肉放進去，從袋子外側充分搓揉使之入味（或將材料全部放入調理盆中，拌勻後再裝袋），然後壓整成平板狀，封住袋口。
② 參考p.5，冷凍起來。

建議先將絞肉和調味料放入調理盆中，仔細拌過一次後再裝進夾鏈袋，這樣才能充分拌勻。

將絞肉集中到袋子的一半左右，做成厚片冷凍起來，就能用來烹製漢堡肉等具份量的料理。

 保存期限約為冷凍一個月。以炒或煮烹調時，壓整成薄片狀會更方便。

豆芽菜炒絞肉

將冷凍的絞肉直接鋪在平底鍋上，
放上豆芽開始蒸煎。
豆芽的水分會讓肉變蓬軟，
釋出的肉汁則能讓豆芽更美味。

材料（2 人份）
豬絞肉的冷凍調理包‧酒鹽口味
　▶ **page 20** … 1 袋
豆芽菜…約 200g
水…2 大匙
珠蔥（切成蔥花）…少許

作法
① 將豬絞肉的冷凍調理包輕輕折
成適當的大小。
② 平底鍋中放入①的肉，再放上
豆芽，倒入材料中的水，蓋上鍋
蓋，以中火蒸煎約 10 分鐘。
③ 待絞肉蒸熟後，將之炒開並與
豆芽拌勻。盛盤，撒上珠蔥。

將絞肉鋪滿整個夾鏈袋，壓整成薄片狀，使用時不用解凍，從袋子外側一折就能取出想要的分量，非常方便。

生菜包絞肉納豆

將冷凍調理包的絞肉煎出焦色後，
仔細炒開，再和納豆一起拌炒。
炒過後納豆的怪味會散去，
非常容易入口。

材料（2 人份）
豬絞肉的冷凍調理包・酒鹽口味
　▶ page 20 ⋯ 1 袋
納豆⋯1 盒（約 50g）
長蔥（大略切碎）⋯½ 根
生菜⋯½ 個

作法
① 將豬絞肉的冷凍調理包輕輕折成適當的大小。
② 平底鍋中放入①的肉，以大火煎，待煎出焦色後翻面，將絞肉炒散。
③ 將納豆、長蔥放入②中拌炒。
④ 將③和生菜盛盤，用生菜包肉享用。可隨個人喜好撒上粗磨辣椒粉。

蒸煎綠花椰菜與絞肉

刻意不炒散絞肉，像肉塊一樣地煎熟，
以搭配綠花椰菜的口感。

材料（2人份）
豬絞肉的冷凍調理包・酒鹽口味 ▶ page 20 … 1 袋
綠花椰菜…1 顆

作法
① 綠花椰菜切成小朵。將豬絞肉的冷凍調理包輕輕
折成適當的大小。
② 平底鍋中放入①的肉，以大火煎，待煎出焦色
後翻面，放上綠花椰菜，蓋上鍋蓋，以中火蒸 2 分
鐘，再大略拌炒一下即可盛盤。

青豆仁鹽味肉末丼

鹽味肉末最適合當便當菜了。
可以直接從冷凍調理包中取出所需分量，
因此製作小朋友的便當等少量烹調時也很方便。

材料（2人份）
豬絞肉的冷凍調理包・酒鹽口味
　　　　▶ page 20 … 1 袋
青豆仁（新鮮或冷凍品皆可）…½ 杯
水…2 大匙
白飯…2 碗

作法
① 將豬絞肉的冷凍調理包輕輕折成適當的大小。
② 鍋中放入①的肉，以中火加熱，加入材料中的水
後，充分拌炒，將絞肉大略炒散。放入青豆仁，蓋
上鍋蓋，蒸煮 3 分鐘左右，打
開鍋蓋，繼續拌炒讓水分蒸散。
③ 碗中盛入飯，再放上②。

將冷凍調理好的絞肉放
入鍋中，加一點水再用
筷子拌炒開來，這樣就
能炒出蓬鬆的肉末了。

豬絞肉的冷凍調理包　麻婆口味

這是中式的麻辣口味，
辣度可用豆瓣醬來調節，請隨個人喜好斟酌。
不但可以做成麻婆豆腐，也可以用來炒蔬菜，做出下飯的美味料理。

材料（1 袋‧約 2 人份）

豬絞肉…200g

麻婆口味的調味料

　長蔥（切碎）…2 大匙

　味噌…1 大匙

　米酒…1 大匙

　薑（切碎）…1 大匙

　醬油…½ 大匙

　蒜（切碎）…½ 大匙

　片栗粉…1 小匙

　砂糖…1 小匙

　豆瓣醬…½ 小匙

作法

① 參考 p.4，將麻婆口味的調味料放入夾鏈袋中，充分揉勻，再將絞肉放進去，從袋子外側充分搓揉使之入味（或將材料全部放入調理盆中，拌勻後再裝袋），然後壓整成平板狀，封住袋口。

② 參考 p.5，冷凍起來。

 保存期限約為冷凍一個月。壓整成平板狀，冷凍和解凍都更快。

先煎再炒開

直接將冷凍調理好的絞肉片掰開，放入平底鍋。待煎出焦色、開始解凍後翻面，用木匙炒散。

麻婆豆腐

有了麻婆口味的冷凍絞肉，
只要再準備豆腐，
就能烹製出道地的中華料理了。
款待親友超有面子。

材料（2 人份）
豬絞肉的冷凍調理包・麻婆口味
　▶ page 24 ⋯ 1 袋
木棉豆腐⋯1 塊（約 400g）
山椒粉⋯少許

作法
① 木棉豆腐用廚房紙巾包住，吸乾水分，切成 2cm 塊狀。將豬絞肉的冷凍調理包輕輕折成適當的大小。
② 平底鍋中放入①的肉，以大火煎，待煎出焦色後翻面，將絞肉炒散。
③ 將①的豆腐放入②中蒸煮，過程中不時拌炒加速水分蒸散，最後撒上山椒粉。

煮

鍋中先放入小芋頭，再放入冷凍調理好的絞肉。

中式小芋頭煮絞肉

鍋中放入冷凍調理好的絞肉、
小芋頭、水，煮熟即可。
用馬鈴薯或茄子取代小芋頭
也很好吃。

材料（2 人份）
豬絞肉的冷凍調理包·麻婆口味
　▶ page 24 … 1 袋
小芋頭…5 個（淨重 300g）
芹菜…½ 把
水…1 杯

作法
① 小芋頭去皮，較大的對半切
開。摘下芹菜葉，將莖的部分切
成 3cm 長。將豬絞肉的冷凍調理
包輕輕折成適當的大小。
② 鍋中依序放入小芋頭、材料
中的水、①的肉，蓋上鍋蓋，加
熱。煮滾後，以中火續煮 15 分
鐘，煮至收汁為止。
③ 盛盤，放上芹菜。

微波調理
麻辣高麗菜蒸絞肉

將冷凍調理好的絞肉放在切好的高麗菜上，
再用微波爐加熱即可。累了一天，做這道菜最方便了。

材料（2 人份）

豬絞肉的冷凍調理包・麻婆口味

　▶ page 24…1 袋

高麗菜…300g

麻油…1 小匙

作法

① 高麗菜切成稍大的一口大小。將豬絞肉的冷凍調理包輕輕折成適當的大小。

② 依序將①的高麗菜、肉放入耐熱器皿中，封上保鮮膜，以 600W 的微波爐加熱 5 分鐘。

③ 拿掉保鮮膜，淋上麻油，全體拌勻後即可盛盤。

麻辣炒麵

調理要訣在於將冷凍調理好的絞肉先加點水，
蒸過後炒散開來，再與麵條拌炒。

材料（2 人份）

豬絞肉的冷凍調理包・麻婆口味

　▶ page 24…1 袋

蒸製油麵…2 球

豆芽…1 袋

韭菜…1 把

水…2 大匙

作法

① 韭菜切成 3cm 長。將豬絞肉的冷凍調理包輕輕折成適當的大小。

② 平底鍋中放入①的肉、材料中的水，蓋上鍋蓋蒸煎。待絞肉變軟後炒散，並炒至出現焦色為止。

③ 將油麵拌開放入②中混合，再放入豆芽、韭菜一起拌炒。

牛豬混合絞肉的冷凍調理包　漢堡口味

以番茄醬、洋蔥、醬汁為基底的漢堡口味，跟西餐廳端出的風味一模一樣。
可以冷凍成薄片狀或厚片狀，應用在不同料理上。

材料（1袋・約2人份）
牛豬混合絞肉…200g
漢堡口味的調味料
　番茄醬…2大匙
　洋蔥（磨成泥）…2大匙
　中濃醬汁…1大匙
　蠔油…½大匙
　麵粉…½大匙
　醬油…1小匙
　蒜（磨成泥）…½小匙

作法
① 參考 p.4，將漢堡口味的調味料放入夾鏈袋中，充
分揉勻，再將絞肉放進去，從袋子外側充分搓揉使
之入味（或將材料全部放入調理盆中，拌勻後再裝
袋），然後壓整成平板狀，封住袋口。
② 參考 p.5，冷凍起來。

 保存期限約為冷凍一個月。
將絞肉鋪滿整個夾鏈袋，壓整成薄片狀冷凍起來，
適合用來炒或煮。

將絞肉集中到袋子的一
半左右，做成厚片狀冷
凍起來，即可用來做漢
堡肉或炸肉餅。

用平底鍋煎

煎到單面出現焦色，
且周邊開始解凍後，
就可以翻面了。

方塊漢堡排

將冷凍成厚片狀的絞肉切開、
直接下鍋，煎的過程自然會解凍，
不必擔心煎不熟。

材料（2 人份）
牛豬混合絞肉的冷凍調理包
漢堡口味
　　▶ page 28 … 1 袋
（使用冷凍成厚片狀的絞肉）
蘆筍… 1 把
甜椒（紅）… 1 個
油… 1 小匙

作法
① 削掉蘆筍根部的硬皮，橫切成
2 ～ 3 等分。甜椒對半縱切，去
蒂、去籽，橫切成 1cm 寬。
② 將冷凍調理好的牛豬混合絞肉
切成 4 等分，放入熱好油的平底
鍋中，以中大火煎。
③ 待煎出恰到好處的焦色後翻
面，轉中火，放入①的蔬菜，蓋
上鍋蓋，蒸煮到肉熟透為止。盛
盤。

油炸

由於沒有解凍，
需花點時間慢慢炸。

炸肉餅

不解凍，切成長條狀，
裹上麵衣直接炸。
因為已經確實調味過了，
吃的時候不需沾醬，
最適合帶便當了。

材料（2人份）
**牛豬混合絞肉的冷凍調理包
漢堡口味**
　　▶ page 28 ⋯ 1 袋
（使用冷凍成厚片狀的絞肉）
麵粉⋯適量
蛋液⋯½個份
麵包粉⋯適量
炸油⋯適量
高麗菜⋯150g

作法
① 將冷凍調理好的牛豬混合絞肉
切成約 3cm 寬的長條狀，沾裹兩
次麵粉、蛋液，再沾裹麵包粉。
② 將炸油加熱至中溫（170℃），
將①放進去，炸 6 ～ 7 分鐘至呈
金黃色為止。
③ 高麗菜切絲後盛盤，擺上②。

直接使用厚片狀的冷凍
調味絞肉。切成長條
狀。

馬鈴薯焗烤絞肉

鬆軟的馬鈴薯加上熱熱的肉汁和起司。
用水煮過的義大利通心粉來做也很好吃！

材料（2 人份）
牛豬混合絞肉的冷凍調理包・漢堡口味
　　▶ page 28 … 1 袋
馬鈴薯（男爵）…大 2 個
液態鮮奶油…100ml
披薩起司絲…40g

作法
① 馬鈴薯去皮，用保鮮膜包起來，以 600W 的微波
爐加熱 5 分鐘，待熱氣散去後切成一口大小。
② 將牛豬混合絞肉的冷凍調理包輕輕折成適當的大
小。
③ 依序將①的馬鈴薯、②的肉放入耐熱器皿中，淋
上鮮奶油，撒上起司絲，以 220℃ 的烤箱烤 10 ～
15 分鐘，烤至表面出現恰到好處的烤色為止。

馬鈴薯不易煮熟，所以先
用微波爐加熱。冷凍調理
好的絞肉不需解凍，可直
接使用。

馬鈴薯炒絞肉

漢堡口味的絞肉很適合搭配薯類食材。
用芋頭、山藥來做也同樣好吃。

材料（2 人份）
牛豬混合絞肉的冷凍調理包・漢堡口味
　　▶ page 28 … 1 袋
馬鈴薯…大 2 個
水…3 大匙
粗粒黑胡椒…少許

作法
① 馬鈴薯去皮，切成一口大小。將牛豬混合絞肉的
冷凍調理包輕輕折成適當的大小。
② 鍋中放入①的肉、材料中的水，以中火加熱，用
筷子拌炒。
③ 絞肉炒散後，放入①的馬鈴薯，蓋上鍋蓋，蒸煮
約 10 分鐘至馬鈴薯變軟為止。最後撒上胡椒。

用豬肉 做冷凍調理包

薄豬肉片應該是最方便的常備食材吧！一次買多一點，回家後立刻做成冷凍調理包。只要調味好，烹煮的難度便大幅降低了。沒時間上街採買的日子，想到冰箱有這個好物，便會立刻輕鬆不少。

薄豬肉片的冷凍調理包　薑燒口味

說到最受男士喜愛的料理排行榜，薑燒豬肉一定名列前茅。
這款冷凍調理包，不但平時就能靈活運用，
也很適合為住在遠方的家人或父母準備好冷凍起來。

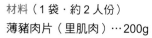

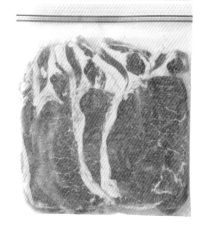

材料（1袋・約2人份）
薄豬肉片（里肌肉）…200g
薑燒口味的調味料
　醬油…1 ⅓大匙
　米酒…1大匙
　薑（磨成泥）…1大匙
　砂糖…½大匙
　蒜（磨成泥）…1小匙
　片栗粉…½小匙

作法
① 參考 p.4，將薑燒口味的調味料放入夾鏈袋中，充分揉勻，再將豬肉放進去，從袋子外側充分搓揉使之入味，然後壓整成平板狀，封住袋口。
② 參考 p.5，冷凍起來。

使用炸豬排用的厚片豬肉的話，可斜切成3等分。

 保存期限約為冷凍一個月。壓整成平板狀，冷凍和解凍都更快。

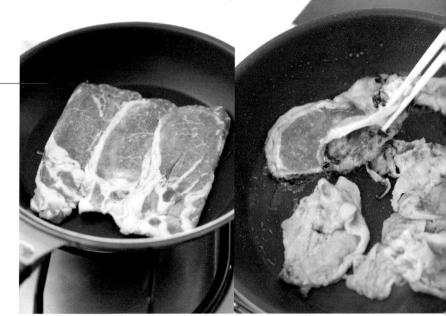

用平底鍋煎

從夾鏈袋中取出，不必解凍，直接放入平底鍋。煎的過程中就會解凍，只要邊用筷子將肉分開，邊翻面即可。

薑燒豬肉

冷凍調理包的好處就是
不解凍也不會拉長烹煮時間，
而且能夠煎得很漂亮。
生鮮的冷凍肉就辦不到了。

材料（2人份）
薄豬肉片的冷凍調理包
薑燒口味
　▶ **page 32**⋯1 袋
水菜⋯100g
小番茄⋯6 個
油⋯½大匙

作法
① 水菜切成 3cm 寬，小番茄切成 4 等分。
② 平底鍋中熱好油後，放入冷凍調理好的薄豬肉片，以中火煎。開始解凍後，用筷子把肉一片一片分開，待煎出焦色即可翻面，將兩面煎得恰到好處。
③ 將①、②盛入盤中。

燜煮

冷凍的薄豬肉片
可以直接用手掰開，
不必使用菜刀。

牛蒡燜炒豬肉

將掰成適當大小的肉片
放在切好的蔬菜上，
蓋上鍋蓋燜煮。
肉汁會滲入牛蒡中，美味無敵！

材料（2 人份）
薄豬肉片的冷凍調理包
薑燒口味
　▶ page 32⋯1 袋
牛蒡⋯½根
胡蘿蔔⋯½根
麻油⋯½大匙

作法
① 牛蒡帶皮刷乾淨，削成稍大的
薄片。胡蘿蔔去皮後，同樣削成
薄片。將薄豬肉片的冷凍調理包
輕輕折成適當的大小。
② 平底鍋中熱好油後，放入①的
蔬菜，再將①的肉剝成一口大小
放上去，蓋上鍋蓋，燜煮約 10
分鐘。
③ 待肉解凍後拿開鍋蓋，拌炒至
全體均勻入味。

微波調理
山藥燜豬肉

將冷凍調理好的肉片放在山藥上，再用微波爐加熱即可。
冷凍調理包非常適合做成微波料理。

材料（2 人份）
薄豬肉片的冷凍調理包．薑燒口味
　▶ page 32…1 袋
山藥…長 10cm
珠蔥（斜切成薄片）…2 根

作法
① 山藥表皮充分洗淨，帶皮切成 1cm 厚的圓片。
② 將①的山藥排進耐熱器皿中，放上冷凍調理好的
薄豬肉片，封上保鮮膜，用 600W 的微波爐加熱 8
分鐘。
③ 最後放上珠蔥，混拌後即可享用。

將冷凍調理好的肉片整
塊鋪蓋在山藥上即可。

豬丼

薑燒豬肉的變化版！
將煎好的肉片放在白飯上，再擺上一顆荷包蛋。

材料（2 人份）
薄豬肉片的冷凍調理包．薑燒口味
　▶ page 32…1 袋
高麗菜…150g
蛋…2 個
白飯…2 碗
油…1 ½小匙
紅薑…少許

作法
① 高麗菜切絲。平底鍋中放入 ½ 小匙的油，打蛋進
去，煎成荷包蛋後取出。
② 平底鍋中倒入 1 小匙的油加熱，放入冷凍調理好
的薄豬肉片，以中火煎。開始煎熟後，用筷子將肉
一片一片分開，待煎出焦色即可翻面，將兩面煎得
恰到好處。
③ 依序將白飯、高麗菜絲、肉片盛入碗中，最後放
上荷包蛋，旁邊再擺上紅薑。

薄豬肉片的冷凍調理包　豬肉番茄醬口味

以番茄醬和洋蔥為基底，酸酸甜甜的，
如同西餐廳的嫩煎豬排，也很類似拿坡里風味。
這種口味深受小朋友歡迎，絕對是媽媽的祕密武器！

材料（1 袋・約 2 人份）
薄豬肉片（里肌肉）…200g
豬肉番茄醬口味的調味料
　番茄醬…2 大匙
　洋蔥（磨成泥）…2 大匙
　醬油…1 大匙
　米酒…1 大匙
　砂糖…1 小匙

作法

① 參考 p.4，將豬肉番茄醬口味的調味料放入夾鏈袋中，充分揉勻，再將豬肉放進去，從袋子外側充分搓揉使之入味，然後壓整成平板狀，封住袋口。

② 參考 p.5，冷凍起來。

 保存期限約為冷凍一個月。壓整成平板狀，冷凍和解凍都更快。

用平底鍋煎

將肉片兩面煎好，最後再放上起司。

起司焗豬肉

在蒸好的冷凍調理肉片上放起司。
趁起司融化時享用。

材料（2 人份）
薄豬肉片的冷凍調理包
豬肉番茄醬口味
　　▶ **page 36**… 1 袋
披薩起司絲…60g
豆苗…約 100g
油…1 小匙

作法
① 豆苗切除根部，切成一半長，
放入耐熱器皿中後封上保鮮膜，
以 600W 的微波爐加熱 2 分鐘。
盛盤備用。
② 將冷凍調理好的薄豬肉片對
半切開（沿著肉的纖維方向），
放入熱好油的平底鍋中，蓋上鍋
蓋，以中大火蒸煎。待肉片解
凍、單面煎出焦色後翻面，續煎
3 分鐘左右。
③ 放上起司絲，蓋上鍋蓋，以中
火煎到起司融化為止。起鍋後放
在①的豆苗上。

先炒再煮

將冷凍調理好的豬肉直接撕開，放入鍋中。

油能讓茄子的味道變得圓潤，因此請先將茄子用油炒出焦色，再放入鍋中。

普羅旺斯風燉菜

將食材全部放入鍋中燉煮即可。
肉片不必解凍，
但茄子要是能先炒到出現焦色
會更好吃。

材料（2 人份）
薄豬肉片的冷凍調理包
豬肉番茄醬口味
▶ page 36⋯1 袋
櫛瓜⋯1 根
茄子⋯2 根
油⋯2 大匙
水⋯2 大匙
乾香草（奧勒岡、百里香等）
⋯少許

作法
① 櫛瓜和茄子分別切成 1.5cm 丁狀。將薄豬肉片的冷凍調理包輕輕折成適當的大小。
② 鍋中熱好油後，將①的茄子放進去，以中火炒至出現焦色後取出。
③ 依序將①的櫛瓜、肉片、②的茄子放入燉鍋裡，再倒入材料中的水，蓋上鍋蓋，以中火蒸煎 7 ～ 8 分鐘。
④ 待肉開始解凍、分開後，將全體拌勻，放入乾香草，蓋上鍋蓋，續蒸 10 分鐘，蒸煮至蔬菜變軟為止。

拿坡里風義大利麵

豬肉番茄醬口味的經典料理。
用冷凍調理好的肉片就能品嘗到比以往更升一級的美味。

材料（2 人份）
薄豬肉片的冷凍調理包‧豬肉番茄醬口味
　　▶ **page 36**⋯1 袋
義大利麵⋯160g
青椒⋯4 個
蘑菇（罐裝）⋯小 1 罐（50g）
油⋯1 小匙
奶油⋯1 大匙
鹽⋯適量

作法
① 鍋中放入大量的水，煮沸後加鹽（比例為水
1.6L：鹽 1 大匙），放入義大利麵，煮的時間要比
包裝袋上標明的少 1 分鐘。
② 青椒去蒂、去籽，切成 1cm 寬。將薄豬肉片的
冷凍調理包輕輕折成適當的大小。
③ 平底鍋中熱好油後，將②的肉片放進去，以中大
火煎。待煎出焦色且開始解凍後翻面，繼續煎。
④ 放入青椒、蘑菇，一邊將肉片分開，一邊拌炒。
放入奶油和瀝乾水分的①炒勻。

番茄醬炒
蘆筍、菇類、豬肉

將冰箱的蔬菜一起放進去炒。
只要是適合炒製的蔬菜全都沒問題。

材料（2 人份）
薄豬肉片的冷凍調理包‧豬肉番茄醬口味
　　▶ **page 36**⋯1 袋
蘆筍⋯1 把
鴻喜菇⋯1 袋
油⋯½大匙

作法
① 削掉蘆筍根部的硬皮，斜切成 2cm 寬。鴻喜菇
切除根部，分成小朵。將薄豬肉片的冷凍調理包輕
輕折成適當的大小。
② 平底鍋中熱好油後，將①的肉放進去，以中大火
煎。待煎出焦色且開始解凍後翻面，繼續煎。
③ 放入①的蔬菜，一邊將肉片
分開，一邊炒勻。

蔬菜要在肉片熟了以後
再放進去。

豬排的冷凍調理包　味噌優格口味

圓潤又濃郁的日式風味。
如果只加味噌，肉質會偏硬，於是加入優格，
借用乳酸菌的力量就能讓肉質嫩得驚人。

材料（1袋・約2人份）
豬排用肉片（里肌肉）…200g
味噌優格口味的調味料
　味噌…2大匙
　優格（無糖）…2大匙
　薑（磨成泥）…½大匙
　米酒…½大匙

作法
① 將豬排用肉片斜切成 3～4 等分。
① 參考 p.4，將味噌優格口味的調味料放入夾鏈袋中，充分揉勻，再將①的豬肉放進去，從袋子外側充分搓揉使之入味，然後壓整成平板狀，封住袋口。
③ 參考 p.5，冷凍起來。

 保存期限約為冷凍一個月。壓整成平板狀，冷凍和解凍都更快。

味噌風味一口豬排

經過冷凍調理的豬肉，肉質柔嫩，油炸也不會柴澀。
冷凍調味已充分入味，最適合用來帶便當。

材料（2 人份）
豬排的冷凍調理包·味噌優格口味
　　▶ page 40⋯1 袋
麵粉⋯適量
麵粉液
（用麵粉和水各 2 大匙混合而成）
麵包粉⋯適量
炸油⋯適量
小黃瓜⋯2 根
紫洋蔥⋯¼ 個

作法
① 將豬排的冷凍調理包放在流水下方，讓表面解
凍，再從袋子外側輕輕搓揉，將肉片分開。小黃瓜
用擀麵棍輕微拍打，切成一口
大小。紫洋蔥切成薄片。
② 將①的肉片依序裹上麵粉、
麵粉液、麵包粉。
③ 炸油加熱至中溫（170℃），
將②放進去，慢慢油炸 7 ～ 8
分鐘。和①的蔬菜一起盛盤。

不需解凍。在冷凍狀態
下直接沾裹麵衣油炸即
可。

什錦根菜豬肉味噌湯

這道豬肉湯因為有優格調味，
會比一般的食譜味道更圓潤，還帶有一點奶油風味。

材料（2 人份）
豬排的冷凍調理包·味噌優格口味
　　▶ page 40⋯1 袋
白蘿蔔⋯長 3cm
胡蘿蔔⋯⅓ 根
蓮藕⋯⅓ 節
小芋頭⋯1 個
四季豆⋯10 根
水⋯2 杯
七味粉⋯少許

蔬菜放下面，冷凍調理
好的肉片不需解凍，直
接放上去再加水燉煮即
可。

作法
① 將豬排的冷凍調理包放在流水下方，讓表面解
凍，再從袋子外側輕輕搓揉，將肉片分開。白蘿
蔔、胡蘿蔔、蓮藕各自去皮後，縱切再縱切，切成
7 ～ 8mm 厚的扇形。小芋頭去皮後切成 1cm 厚。
四季豆橫切成 3 等分。
② 依序將①的白蘿蔔、胡蘿蔔、蓮藕、小芋頭、肉
片放入鍋中，倒入材料中的水，蓋上鍋蓋，以大火
加熱。煮滾後撈除浮沫，以中火續煮 10 ～ 15 分鐘。
③ 放入四季豆，續煮 2 ～ 3 分鐘後盛入碗裡，最後
撒上七味粉。

高麗菜燉番茄豬肉

味噌和番茄很相配，還能變化成西式口味。
這是一道蔬菜豐富的燉肉料理。

材料（2 人份）
豬排的冷凍調理包‧味噌優格口味 ▶ page 40 … 1 袋
番茄…2 個
高麗菜…300g
油…1 小匙
巴西里（切碎）…少許

作法
① 將豬排的冷凍調理包放在流水下方，讓表面解凍，再從袋子外側輕輕搓揉，將肉片分開。番茄縱切成瓣狀，高麗菜切成大片。
② 平底鍋中熱好油後，將①的肉片放進去，以中大火煎，煎到出現焦色後翻面。
③ 依序將①的番茄、高麗菜放入②中，蓋上鍋蓋，以中火蒸煮約 10 分鐘。待蔬菜變軟後，將全體混拌均勻，盛盤後撒上巴西里。

先煎再煮

肉片單面煎好後，放上蔬菜。不用另外加水，用蔬菜釋出的水分燉煮即可。

用牛肉 做冷凍調理包

這裡介紹深受大眾歡迎的燒肉及韓式、西式風味的牛肉料理。雖然這裡使用的是用途最廣泛的牛肉片，但拿燒肉用的牛五花或里肌肉來做也同樣好吃。如果使用牛排用的厚肉片，請先斜切成薄片再製成冷凍調理包。

牛肉片的冷凍調理包　燒肉口味

這是以醬油為基底的燒肉口味。大蒜的用量可依個人喜好增減。
由於已經確實調味好了，用這款冷凍調理包在戶外烤肉時必能大顯身手！

材料（1 袋・約 2 人份）
牛肉片…200g
燒肉口味的調味料
醬油…1 ½大匙
白芝麻粉…1 大匙
砂糖…1 大匙
米酒…1 大匙
麻油…½大匙
蒜（磨成泥）…1 小匙
片栗粉…½小匙

作法
① 參考 p.4，將燒肉口味的調味料放入夾鏈袋中，充分揉勻，再將牛肉放進去，從袋子外側充分搓揉使之入味，然後壓整成平板狀，封住袋口。
② 參考 p.5，冷凍起來。

 保存期限約為冷凍一個月。壓整成平板狀，冷凍和解凍都更快。

用微波爐加熱

直接將冷凍調理好的牛肉片放在耐熱器皿上,上面擺滿菇類,用微波爐加熱即可。

微波調理
菇類蒸牛肉

將牛肉和蔬菜放在一起,
微波一下就行了。
只要 5 分鐘,還能吃到滿滿的蔬菜。

材料（2 人份）
牛肉片的冷凍調理包・燒肉口味
　　▶ page 43⋯1 袋
鮮香菇⋯4 朵
玉米筍⋯6 根
鴻喜菇⋯1 袋
紫蘇或青紫蘇⋯5 片

作法
① 香菇切除根部,切成薄片。玉米筍斜切成 2 等分。鴻喜菇切除根部,分成小朵。將牛肉片的冷凍調理包輕輕折成適當的大小。
② 將①的肉片平鋪進耐熱器皿中,再依序放上香菇、玉米筍、鴻喜菇,封上保鮮膜,以 600W 的微波爐加熱 6 分鐘。
③ 全體拌勻後盛盤,再擺上撕碎的紫蘇。

韓式炒牛肉

蔬菜和冬粉吸足了肉和調味料的美味。
在餐廳才吃得到的道地韓式炒牛肉，在家也能輕鬆上桌。

材料（2 人份）
牛肉片的冷凍調理包．燒肉口味 ▶ page 43 … 1 袋
甜椒（紅）…1 個
洋蔥…½個
韭菜…1 把
冬粉（乾燥）…20g
水…3 大匙
粗磨辣椒粉…少許

作法
① 甜椒縱向對切後，去蒂、去籽，切成細條狀。洋
蔥切成 5mm 寬的月牙形。韭菜切成 5cm 長。將牛
肉片的冷凍調理包輕輕折成適當的大小。
② 將①的肉片平鋪進平底鍋
中，灑上材料中的水，再放入
甜椒、洋蔥，蓋上鍋蓋，以
中火蒸煎。待冒出蒸氣後，續
煮 1 分鐘，打開鍋蓋，放入冬
粉，一邊將肉片炒開、一邊拌
炒均勻。
③ 最後放上韭菜，續炒一下，
撒上辣椒粉。

先用蒸煎的方式讓肉片
解凍，再放入乾燥冬
粉。冬粉不需要事先用
水泡軟。

牛肉海帶芽湯

這道放了牛肉的韓式風味海帶芽湯，
料非常多，吃一碗就飽了。

材料（2 人份）
牛肉片的冷凍調理包．燒肉口味 ▶ page 43 … 1 袋
海帶芽（鹽漬）…20g
西洋芹…1 根
長蔥（切成蔥花）…少許
水…2 杯
粗粒黑胡椒…少許

作法
① 海帶芽用大量的水浸泡 5 分鐘，擰乾後切成一口
大小。西洋芹斜切成薄片。將牛肉片的冷凍調理包
輕輕折成適當的大小。
② 鍋中放入①的肉、西洋芹、材料中的水，以大火
加熱。煮滾後撈除浮沫，以中火續煮 7 ～ 8 分鐘。
③ 最後放入①的海帶芽、蔥花，續煮一下即可盛入
碗裡，撒上黑胡椒。

炒米粉

冷凍調理包已經確實調味好了，
因此不必再另外添加調味料。搭配麵料理也是一絕。

材料（2人份）

牛肉片的冷凍調理包・燒肉口味 ▶ page 43 … 1 袋
米粉（乾燥）… 150g
胡蘿蔔…⅓根
青江菜…1 棵
水…¼杯

作法

① 米粉用大量的水泡軟後，用濾網瀝乾。胡蘿蔔去皮後切絲，青江菜切成 5cm 長的細條狀。將牛肉片的冷凍調理包輕輕折成適當的大小。

② 將①的肉片平鋪進平底鍋中，依序放上胡蘿蔔、青江菜、米粉，再倒入材料中的水，蓋上鍋蓋，以中大火蒸煎。

③ 待肉片解凍至可以完全炒開後，將全體拌炒均勻，使蔬菜和米粉都入味。

先蒸再煎

將冷凍調理好的肉片直接放入平底鍋中，再放上蔬菜、用水泡軟的米粉，以蒸煎方式烹調。

牛肉片的冷凍調理包　苦椒醬口味

這款辣味明顯的韓式風味，
可以幫助你成功做出泡菜鍋、石鍋拌飯等人氣的韓式料理。
想要更辣的話，可再加點辣椒粉。肯定白飯一碗接一碗！

材料（1袋・約2人份）

牛肉片…200g

苦椒醬口味的調味料

苦椒醬…1大匙

砂糖…1大匙

米酒…1大匙

薑（磨成泥）…1大匙

味噌…½大匙

醬油…½大匙

蒜（磨成泥）…1小匙

作法

① 參考 p.4，將苦椒醬口味的調味料放入夾鏈袋中，充分揉勻，再將牛肉放進去，從袋子外側充分搓揉使之入味，然後壓整成平板狀，封住袋口。

② 參考 p.5，冷凍起來。

 保存期限約為冷凍一個月。壓整成平板狀，冷凍和解凍都更快。

石鍋拌飯

直接將冷凍調理好的肉片放入平底鍋中炒。
蔬菜用微波爐加熱後，
與肉片一起放在飯上面就大功告成！

材料（2 人份）
牛肉片的冷凍調理包・苦椒醬口味
　　▶ page 47 … 1 袋
胡蘿蔔…½ 根
豌豆莢…15 片
A 麻油…1 小匙
│ 鹽…少許
白飯…2 碗
韓國海苔…適量

作法
① 胡蘿蔔去皮後切絲，豌豆莢去筋後切絲，放入
耐熱碗中，以 600W 的微波爐加熱 3 分鐘。瀝乾水
分，用 A 拌勻。
② 平底鍋中放入冷凍調理好的肉片，以中大火加
熱。待煎出焦色後翻面，將肉片炒開並炒熟。
③ 盛飯，放上①、②，再擺上撕碎的海苔。

牛肉豆腐鍋

用冷凍調理包來烹製，湯頭更美味，
能嘗到比平時更道地的好滋味。
也可依個人喜好加入泡菜。

材料（2 人份）
牛肉片的冷凍調理包・苦椒醬口味
　　▶ page 47 … 1 袋
絹豆腐…½ 塊
豆芽…½ 袋
茼蒿…½ 袋
水…2 ½ 杯

作法
① 將茼蒿橫切成 2 ～ 3 等分。
② 鍋中放入冷凍調理好的牛肉片、材料中的水，以
大火加熱，煮滾後將肉片分開，撈除浮沫。
③ 用湯勺撈起豆腐，放入②
中，再放入豆芽，煮 3 分鐘左
右。最後放入①的茼蒿，快煮
一下即可關火。

放入蔬菜和豆腐前先撈
除浮沫是美味的要訣。

茄香牛肉

用冰箱現有的蔬菜就可快速上桌的韓式熱炒。
除了茄子，用櫛瓜、南瓜也同樣好吃。

材料（2 人份）
牛肉片的冷凍調理包・苦椒醬口味
　　　▶ page 47 … 1 袋
茄子…4 根
洋蔥…½ 個
油…適量
生菜…適量

作法
① 茄子切成滾刀塊。洋蔥切成 1cm 寬的月牙形。
② 平底鍋中倒入 5mm 深的油，加熱，放入茄子，
輕炸一下。待顏色炸得恰到好處後，取出放入不鏽
鋼方盤中。
③ 倒掉平底鍋中多餘的油，放
入冷凍調理好的牛肉片，再放
上洋蔥，蓋上鍋蓋，以中大火
蒸煎約 5 分鐘。待肉片解凍、
出現焦色後翻面，拌炒開來。
④ 將②的茄子放入③中拌炒。
盛盤，旁邊擺上生菜。

茄子必須先用多一點的
油炸過，然後等肉片都
熟了以後再加入拌炒。

煎炸牛肉

煎炸（piccata）是指將肉片裹上蛋液後再煎，
味道偏濃郁，適合用生菜等捲起來吃。

材料（2 人份）
牛肉片的冷凍調理包・苦椒醬口味
　　　▶ page 47 … 1 袋
麵粉…適量
蛋液…適量
珠蔥（斜切成薄片）…1 根
油…1 大匙
生菜、青紫蘇等…適量

作法
① 將牛肉片的冷凍調理包放在流水下方，讓表面解
凍後取出，切成 4cm 的正方形，將兩面依序均勻裹
上麵粉和蛋液。
② 平底鍋中熱好油後，將①的
肉片排進去，煎 3 分鐘左右。
待肉片解凍、周圍開始煎熟後
放上珠蔥，翻面，再續煎 3 分
鐘左右。
③ 盛盤，旁邊擺上生菜或青紫
蘇。

先裹上麵粉，才能均勻
裹上蛋液。

牛肉片的冷凍調理包 紅酒口味

這是使用葡萄酒和洋蔥製成的西式料理口味。
即便是便宜的肉，只要加了紅酒後冷凍，
就能變得柔嫩，風味也會更升級。

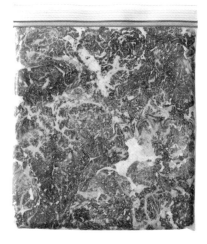

材料（1袋‧約2人份）
牛肉片…200g
紅酒口味的調味料
　紅酒…1大匙
　洋蔥（磨成泥）…1大匙
　鹽…¾小匙
　粗粒黑胡椒…少許

作法
① 參考 p.4，將紅酒口味的調味料放入夾鏈袋中，充分揉勻，再將牛肉放進去，從袋子外側充分搓揉使之入味，然後壓整成平板狀，封住袋口。
② 參考 p.5，冷凍起來。

 保存期限約為冷凍一個月。壓整成平板狀，冷凍和解凍都更快。

用平底鍋煎

將冷凍調理好的肉片從夾鏈袋中取出，直接下鍋煎。請注意肉片要確實煎熟。

蒜香薄切牛排

將冷凍調理好的肉片直接下鍋不炒開，煎成一整塊肉片，這麼一來，碎肉片也能搖身一變成牛排！

材料（2 人份）
牛肉片的冷凍調理包・紅酒口味 ▶ page 50 ⋯ 1 袋
蒜（切成薄片）⋯ 1 瓣
橄欖油⋯½大匙
芝麻菜⋯約 50g

作法
① 平底鍋中放入橄欖油，再放入蒜片，以小火加熱，待蒜片呈淡褐色後取出。
② 將冷凍調理好的牛肉片放入①的平底鍋中，以中大火煎。待煎出焦色後翻面，以中火將兩面煎得恰到好處。
③ 將②對切盛盤，撒上①的蒜片，旁邊再擺上芝麻菜。

蘆筍玉米炒牛肉

這道西式風味的炒物，
很適合配飯享用，
或是拌入煮好的義大利麵
也別有一番風味。

材料（2 人份）
牛肉片的冷凍調理包・紅酒口味
　　▶ page 50⋯1 袋
蘆筍⋯1 把
玉米（罐裝）⋯½ 杯
油⋯½ 大匙

作法
① 將牛肉片的冷凍調理包輕輕折成適當的大小。蘆筍用削皮刀削去根部的硬皮後，切成 4cm 長。
② 平底鍋中熱好油後，放入①的肉片，以中大火加熱。待煎出焦色後翻面，將肉片炒開並炒熟。
③ 放入①的蘆筍、玉米，拌炒到蘆筍熟了為止。

先煎再煮

將南瓜煎出焦色後，再放入冷凍的肉片，蒸煮到南瓜變得鬆軟為止。

洋風南瓜番茄煮牛肉

蔬菜豐富，
宛如普羅旺斯燉菜般的燉煮料理。
也可加入茄子、秋葵、洋蔥等。

材料（2 人份）
牛肉片的冷凍調理包・紅酒口味
　　▶ page 50⋯1 袋
南瓜⋯⅙ 個
番茄⋯1 個
油⋯½ 大匙

作法
① 南瓜切成月牙形。番茄切成 8 等分的月牙形。將牛肉片的冷凍調理包輕輕折成適當的大小。
② 平底鍋中熱好油後，將①的南瓜放進去，以中火煎。待顏色煎得恰到好處後，放入①的肉片、番茄，蓋上鍋蓋，蒸煮約 10 分鐘，過程中需不時攪拌一下。

用魚塊 做冷凍調理包

魚塊的冷凍調理包很適合不太擅長魚料理的人。即便只會煎魚，有了這個好物，就能常常變化口味，而且可以長期冷凍保存，好處多多。這裡介紹的是鱈魚、鮭魚、鯖魚，但其實可以應用在各種魚類上。

魚塊的冷凍調理包　白酒香草口味

魚類的冷凍調理包中，我最推薦的就是「白酒香草口味」的鱈魚了。
新鮮的鱈魚水分多，但冷凍調味過後，魚肉會適度緊縮，味道也會濃縮起來，
調理方式更富變化。

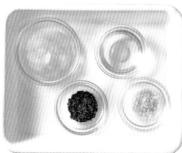

材料（1袋‧約2人份）
鱈魚（生鮮）…2塊（約200g）
白酒香草口味的調味料
洋蔥（磨成泥）…2大匙
白葡萄酒…1大匙
乾羅勒…1小匙
鹽…¾小匙

作法
① 將魚塊（這裡使用鱈魚）斜切成2～3等分。
② 參考p.4，將白酒香草口味的調味料放入夾鏈袋中，充分揉勻，再將①的魚放進去，從袋子外側充分搓揉使之入味，然後壓整成平板狀（約為袋子的一半大小），封住袋口。
③ 參考p.5，冷凍起來。

 保存期限約為冷凍一個月。壓整成平板狀，冷凍和解凍都更快。

番茄魚湯

將番茄磨成泥再煮，三兩下即可上桌。
如果使用 **p.64** 的冷凍番茄，即使沒空上街買菜，三餐照樣很給力！

材料（2 人份）

魚塊的冷凍調理包‧白酒香草口味 ▶ page 53 ⋯ 1 袋

番茄⋯2 個

西洋芹⋯½ 根

蒜⋯1 瓣

奶油⋯1 大匙

水⋯⅓ 杯

作法

① 將魚塊的冷凍調理包放在流水下方，讓表面解凍，然後從袋子外側輕輕搓揉，一塊一塊分開。番茄帶皮磨成泥，西洋芹和蒜切碎。

② 將奶油放入鍋中融化，再放入西洋芹末、蒜末，以小火炒軟後，依序放入①的番茄、材料中的水、魚塊，轉大火，煮滾後轉小火續煮 15 分鐘。

COLUMN
用流水解凍表面的方去

p.8～19 的雞肉、p53～63 的魚塊等，
都是在調理前，將冷凍調理包放在流水下方讓表面解凍後，
再一塊一塊分開。夏天氣溫高的時候，宜放在流水下方；
冬天氣溫低的時候，可以放在溫水中解凍。
讓表面解凍、裡面還是冷凍狀態即可下鍋，沒必要完全解凍。

右側（直書）：

煮

將冷凍調理好的魚塊直接放進湯裡，醬汁能讓湯頭變得濃郁。

白花椰菜焗烤鱈魚

鱈魚與白花椰菜是法式料理的經典，
搭配起來非常對味，很適合用來招待賓客。

材料（2 人份）
魚塊的冷凍調理包・白酒香草口味 ▶ page 53 ⋯ 1 袋
白花椰菜⋯200g
起司粉⋯3 大匙
麵包粉⋯1 大匙

作法
① 白花椰菜分成小朵後對半切開。將魚塊的冷凍調理包放在流水下方，讓表面解凍，然後從袋子外側輕輕搓揉，一塊一塊分開。
② 耐熱器皿中依序放入①的白花椰菜、魚塊，再撒上起司粉、麵包粉。
③ 烤箱加熱至 220℃，將②放進去，烤 15 ～ 20 分鐘。

直接將冷凍的鱈魚塊放在白花椰菜上面，鱈魚的湯汁就會變成白花椰菜的調味料，烤出來的鹹味剛剛好。

馬鈴薯燉鱈魚

將材料全部放進鍋裡煮就行了。
用冷凍調理包的調味料和鱈魚的湯汁
就能煮出不可思議的美味！

材料（2 人份）
魚塊的冷凍調理包・白酒香草口味 ▶ page 53 ⋯ 1 袋
馬鈴薯⋯2 個
蒜（切碎）⋯1 瓣
橄欖油⋯½大匙
水⋯½杯

作法
① 馬鈴薯去皮，切成 6 等分左右。將魚塊的冷凍調理包放在流水下方，讓表面解凍，然後從袋子外側輕輕搓揉，一塊一塊分開。
② 平底鍋中放入油和蒜末，以小火炒出香氣，依序放入①的馬鈴薯、鱈魚塊，再倒入材料中的水，蓋上鍋蓋，以中火蒸煮 10 ～ 15 分鐘。
③ 煮好後大略拌勻即可。

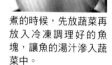

煮的時候，先放蔬菜再放入冷凍調理好的魚塊，讓魚的湯汁滲入蔬菜中。

魚塊的冷凍調理包　酒粕味噌口味

這是日式傳統酒粕味噌漬物的冷凍版。
酒粕味噌漬物經過冷凍，短時間就能入味，而且可以長期保存。
拜酒粕之賜，魚肉鮮美又軟嫩。

材料（1袋・約2人份）
鮭魚（生鮮）…2塊（約200g）
酒粕味噌口味的調味料

酒粕（膏狀）…1 ½大匙
味噌…1 ½大匙
米酒…½大匙
味醂…½大匙

作法

① 將魚塊（這裡為鮭魚）斜切成2～3等分。

② 參考p.4，將酒粕味噌口味的調味料放入夾鏈袋中，充分揉勻，再將①的魚放進去，從袋子外側充分搓揉使之入味，然後壓整成平板狀（約為袋子的一半大小），封住袋口。

③ 參考p.5，冷凍起來。

將魚塊斜切成3等分左右，不解凍也能快速煮熟。

醃漬魚塊的要訣：用刮板從袋口朝袋底輕輕刮，將調味料集中在底部，讓魚塊可以完全浸在調味料中。

 保存期限約為冷凍一個月。壓整成平板狀，冷凍和解凍都更快。

鮭魚炒飯
▶ page 58

奶油蒸煮高麗菜、
洋蔥、魚
▶ page 59

煎魚佐什錦蔬菜
▶ page 59

鮮魚根菜酒粕味噌湯
▶ page 58

鮭魚炒飯

有了冷凍調理包，
炒飯基本上不必再調味，
光炒味道就夠了。

材料（2 人份）
魚塊的冷凍調理包
酒粕味噌口味
　▶ page 56…1 袋
長蔥…⅓根
鮮香菇…4 朵
青椒…2 個
蛋液…1 個份
溫溫的白飯…2 碗
油…適量

作法
① 將魚塊的冷凍調理包放在流水下方，讓表面解凍，然後從袋子外側輕輕搓揉，一塊一塊分開。長蔥切成蔥花。香菇切除根部，青椒去蒂、去籽，再全部切碎。
② 平底鍋中放入 ½ 大匙的油加熱，倒入蛋液，開中火翻拌至半熟狀態即取出。
③ 平底鍋中再放入 ½ 大匙的油，將①的魚下去煎。待解凍且煎出焦色後翻面，一邊煎一邊將魚塊炒碎。
④ 將①的長蔥放入③中，再將香菇、青椒放進去炒，待散發出香氣後，放入白飯一起拌炒。將②的蛋放回鍋中，炒到白飯粒粒分明為止。如果覺得不夠味，可以隨個人喜好撒點鹽或胡椒。

將冷凍調理好的肉塊下鍋煎，待解凍後再炒開。

煮

煮湯的時候，將冷凍調理好的魚塊直接放在蔬菜上，煮的時候調味料就能均勻地擴散至湯裡了。

鮮魚根菜酒粕味噌湯

將冷凍調理好的魚塊和蔬菜一起煮，三兩下就能做好這款料多味美、可大大滿足的湯品。

材料（2 人份）
魚塊的冷凍調理包
酒粕味噌口味
　▶ page 56…1 袋
小芋頭…2 個
胡蘿蔔…⅓根
牛蒡…⅓根
水…2 杯
珠蔥（切成 1cm 寬）…2 根

作法
① 將魚塊的冷凍調理包放在流水下方，讓表面解凍，然後從袋子外側輕輕搓揉，一塊一塊分開。
② 小芋頭去皮，切成一口大小。胡蘿蔔去皮，切成 7～8mm 厚的圓片。牛蒡表皮洗淨，斜切成薄片。
③ 鍋中放入②的蔬菜、冷凍調理好的魚塊、材料中的水，以大火加熱。煮滾後撈除浮沫，再以中小火續煮約 10 分鐘。
④ 盛入碗裡，撒上珠蔥。

先蒸再煮

鋪上洋蔥、放上魚塊，最後蓋上蔬菜一起蒸，讓蔬菜的甘甜提升魚的鮮味。

奶油蒸煮高麗菜、洋蔥、魚

將蔬菜、冷凍調理好的魚塊疊放在平底鍋中蒸即可。
高麗菜和洋蔥的甘甜，
與酒粕味噌溫和的味道相當對味。

材料（2 人份）
魚塊的冷凍調理包
酒粕味噌口味 ▶ page 56 ⋯ 1 袋
高麗菜⋯200g
洋蔥⋯½ 個
鴻喜菇⋯1 袋
水⋯2 大匙
奶油⋯10g
粗粒黑胡椒⋯少許

作法
① 高麗葉切成 4cm 的正方形。洋蔥切成 1cm 厚的月牙形。鴻喜菇切除根部，分成小朵。將魚塊的冷凍調理包放在流水下方，讓表面解凍，然後從袋子外側輕輕搓揉，一塊一塊分開。

② 平底鍋中依序疊放①的洋蔥、魚塊、鴻喜菇、高麗菜，再淋上材料中的水，放上奶油，蓋上鍋蓋，以中大火加熱。待冒出蒸氣後，續煮 7 ～ 8 分鐘直到收汁為止。完成後撒上粗粒黑胡椒。

煎魚佐什錦蔬菜

冷凍調理好的魚塊不必解凍，直接皮面朝下入鍋慢慢煎。
請注意調節火力，不要煎焦了。

材料（2 人份）
魚塊的冷凍調理包
酒粕味噌口味
　　▶ page 56 ⋯ 1 袋
舞菇⋯1 袋
甜豆筴⋯12 片
小番茄⋯6 個
橄欖油⋯1 小匙

作法
① 舞菇切除根部，分成小朵。甜豆筴去筋。將魚塊的冷凍調理包放在流水下方，讓表面解凍，然後從袋子外側輕輕搓揉，一塊一塊分開。

② 平底鍋中熱好油後，將①的魚塊從皮面下鍋，以中火煎。待魚塊解凍、煎出焦色後，翻面續煎。將①的蔬菜放入平底鍋的空位中一起煎。

③ 待魚塊煎熟後，盛盤，旁邊放上②的蔬菜、小番茄，再淋上平底鍋中的湯汁。

將冷凍調理好的魚塊排進平底鍋中。沾附在魚塊周圍的冷凍調味料，調理時會解凍、收汁，可以直接當成佐配的醬汁。

魚塊的冷凍調理包　**南洋口味**

麻辣又帶點酸酸甜甜的南洋口味很下飯，
在平日的餐桌上應該能大顯身手才對！
這款調理包使用了魚露，特殊的風味，適合用於鯖魚等青背亮皮魚類。

材料（1袋・約2人份）
鯖魚（生鮮）…1片（約200g）
南洋口味的調味料

　魚露…1大匙
　檸檬汁…½大匙
　白葡萄酒…½大匙
　砂糖…1小匙
　蒜（切碎）…1小匙
　紅辣椒（切成小段）…1根

作法
① 魚塊（這裡使用鯖魚）斜切成2塊薄片。
② 參考p.4，將南洋風口味的調味料放入夾鏈袋中，充分揉勻，再將①的魚塊放進去，從袋子外側充分搓揉使之入味，然後壓整成平板狀（約為袋子的一半大小），封住袋口。
③ 參考p.5，冷凍起來。

 保存期限約為冷凍一個月。壓整成平板狀，冷凍和解凍都更快。

南洋風味煎魚
▶ page 62

南洋風味炸鯖魚
▶ page 63

泰式蓋飯
▶ page 62

豆芽菜炒魚
▶ page 63

用平底鍋 煎

將冷凍調理好的魚塊直接放入熱好的平底鍋中即可。

從皮面入鍋。

南洋風味煎魚

即便是常見的鹽燒鯖魚，用這款冷凍調理包去做絕對能令人眼睛一亮。搭配蔬菜一起煎，讓整道菜更加分。

材料（2 人份）

魚塊的冷凍調理包・南洋口味

▶ page 60 … 1 袋

甜椒（紅）… 1 個

櫛瓜… 1 條

油… ½ 大匙

作法

① 甜椒去蒂、去籽，切成 1cm 寬。櫛瓜縱切成 4 等分，再橫切成 3 等分。將魚塊的冷凍調理包放在流水下方，讓表面解凍，然後從袋子外側輕輕搓揉，一塊一塊分開。

② 平底鍋中熱好油後，將①的魚塊從皮面入鍋，以中火煎。待魚塊解凍、煎出焦色後，翻面續煎。將①的蔬菜放入平底鍋的空位中一起煎。待魚和蔬菜都煎得恰到好處後即可盛盤。

以中火慢慢煎，待皮面出現焦色，魚塊周圍變白、解凍後，即可翻面。

泰式蓋飯

這是南洋風味煎魚的變化版。將煎魚放在飯上面，再擺上生菜，就成了咖啡廳式的簡餐了。

材料（2 人份）

魚塊的冷凍調理包・南洋口味

▶ page 60 … 1 袋

羅勒… 8 片

生菜嫩葉…約 50g

薑（切絲）… 1 瓣

花生（剁碎）… 2 大匙

白飯… 2 碗

油… 1 大匙

作法

① 將魚塊的冷凍調理包放在流水下方，讓表面解凍，然後從袋子外側輕輕搓揉，一塊一塊分開。

② 平底鍋中熱好油後，放入羅勒，煎到酥脆後取出。

③ 將①的魚塊放入②的平底鍋中，皮面朝下，以中火煎。待魚塊解凍、煎出焦色後，翻面續煎。

④ 盤中盛入白飯，再擺上③、生菜嫩葉，撒上薑絲、花生碎粒，最後放上②。

南洋風味炸鯖魚

這道炸鯖魚下酒又下飯，
又因為已經確實調味好了，
也很適合帶便當，
是一款多用途的魚料理。

材料（2 人份）

魚塊的冷凍調理包・南洋口味
　　▶ page 60…1 袋
麵粉…適量
炸油…適量
香菜…適量
檸檬（切成月牙形）…適量

作法

① 將魚塊的冷凍調理包放在流水下方，讓表面解凍，然後從袋子外側輕輕搓揉，一塊一塊分開。切成稍大的一口大小。

② 用廚房紙巾拭乾①的魚塊，確實裹上麵粉。

③ 平底鍋中倒入深 2cm 左右的炸油，加熱至中溫（170℃），放入②，油炸 3 ～ 4 分鐘，炸得顏色恰到好處後即可盛盤，旁邊放上香菜、檸檬。

油炸

將冷凍調理包放在流水下方，退冰至半解凍狀態，再確實裹上麵粉。即便沒有完全解凍，由於魚很容易熟，只要以中溫的油，炸到顏色恰到好處就可以起鍋了。

豆芽菜炒魚

將冷凍調理好的魚塊直接下鍋煎，再和蔬菜拌炒。除了豆芽菜，也可加入青椒、菇類、高麗菜、韭菜等。

材料（2 人份）

魚塊的冷凍調理包・南洋口味
　　▶ page 60…1 袋
豆芽菜…約 200g
油…½大匙
珠蔥（切成 3cm 寬）…5 根

作法

① 將魚塊的冷凍調理包放在流水下方，讓表面解凍，然後從袋子外側輕輕搓揉，一塊一塊分開。切成稍大的一口大小。

② 平底鍋中熱好油後，放入①的魚，皮面朝下，以中火煎。煎至魚塊解凍、出現焦色後，翻面續煎。

③ 將豆芽菜放入②中，拌炒 3 ～ 4 分鐘。盛盤，撒上珠蔥。

「切開直接冷凍」就能保存！

將蔬菜和水果直接冷凍，不但簡單，而且非常實用。
冷凍時，請全都放入夾鏈袋中，
鋪平、擠出空氣後封住袋口，
然後放在不鏽鋼方盤等容器中冷凍成平板狀。

作法 ▶ **page 66、67**

草莓
整顆冷凍。

山藥
磨成泥後冷凍。

南瓜
切成塊狀後冷凍。甜味更提升。

番茄
整顆冷凍。

蓮藕
去皮、切成薄片後冷凍。

胡蘿蔔
切成薄片再切絲後冷凍。

甜椒
切成細條狀後冷凍。

牛蒡
斜削成薄片後冷凍。

小芋頭
去皮、切開後冷凍。

菇類
分成小朵後冷凍。

香蕉
去皮、切開後冷凍。

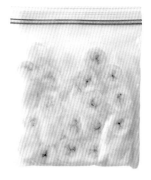

明太子
切開後冷凍。

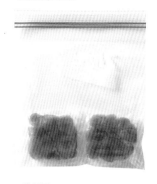

檸檬
對切後冷凍。

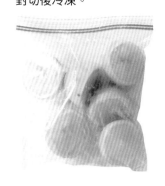

高麗菜
切絲、撒上鹽後冷凍。

香腸
在表面戳洞後冷凍。

珠蔥
切成蔥花後冷凍。

油豆皮
切成條狀後冷凍。

生魚片（鰹魚）
用醬油醃漬再冷凍。

巴西里
整棵冷凍，冷凍後再搓碎。

蛤蠣、蜆仔
直接冷凍。

薑
整塊冷凍。

山葵
整根冷凍。

山藥

冷凍方法
去皮後磨成泥。

調理活用法
輕輕折出必要的分量後取出。加熱調理時不解凍，直接調理。非加熱調理的話則待其自然解凍。可不解凍直接放入湯品中，或是當成烏龍麵、蕎麥麵的配料、大阪燒的麵糊等。

蓮藕

冷凍方法
切成 3～4mm 厚的扇形，為防止變色，先浸在淡淡的醋水中，再拭乾水分。

調理活用法
輕輕折一下袋子，取出必要的分量，可以不必解凍直接調理。
適用於煮湯（蓮藕湯 ▶ page 68、什錦根菜豬肉味噌湯 ▶ page 41）、筑前煮等日式的根菜煮物，或是裹上麵衣炸成天婦羅等。

牛蒡

冷凍方法
用棕刷等充分將表皮刮洗乾淨，斜削成薄片。為防止變色，用水浸泡一下，再將水分確實瀝乾。

調理活用法
輕輕折出必要的分量後取出，可以不必解凍直接調理。
除了炒牛蒡絲（▶ page 68）、煮物（牛蒡燜炒豬肉 ▶ page 34）之外，也可做成蔬菜天婦羅等。

南瓜

冷凍方法
切開後去除內膜和種籽，切成 2～3cm 的塊狀。

調理活用法
輕輕折一下袋子，取出必要的分量，可以不必解凍直接調理。
適用於湯品（南瓜椰子湯 ▶ page 68）、煮物等。

胡蘿蔔

冷凍方法
去皮、切成薄片後再切絲。

調理活用法
輕輕折出必要的分量後取出，可以不必解凍直接調理。
適用於炒牛蒡絲（▶ page 68）、沙拉（微波加熱後，拌入喜歡的沙拉醬即可）、石鍋拌飯（▶ page 48）、炒米粉（▶ page 46）等。

小芋頭

冷凍方法
去皮後切成 2～3 等分。

調理活用法
取出必要分量，可以不必解凍直接調理。
適用於煮物（小芋頭蒸煮絞肉 ▶ page 68、中式小芋頭煮絞肉 ▶ page 26）、湯品（什錦根菜豬肉味噌湯 ▶ page 41）、鮮魚根菜酒粕味噌湯 ▶ page 57）等。

草莓

冷凍方法
去蒂，整顆冷凍。

調理活用法
取出必要的顆數，可以不必解凍直接調理。
適用於奶昔或甜點的材料。

番茄

冷凍方法
去蒂，整顆冷凍。

調理活用法
取出必要的顆數，可以不必解凍直接調理。不過，僅能加熱調理，不能自然解凍後生食。
適用於番茄莎莎醬風味湯沙拉（▶ page 69）、煮物（高麗菜燉番茄豬肉 ▶ page 42、洋風南瓜番茄煮牛肉 ▶ page 52）、湯品（番茄魚湯 ▶ page 54）、奶昔（蔬菜香蕉奶昔 ▶ page 69）等。

甜椒

冷凍方法
縱向對切，去蒂、去籽，再縱向切成 7mm 寬左右。任何顏色的甜椒均可冷凍。

調理活用法
輕輕折一下袋子，取出必要的分量，可以不必解凍直接調理。
適用於奶昔（蔬菜香蕉奶昔 ▶ page 69）、炒物（韓式炒牛肉 ▶ page 45）、肉料理的配菜（方塊漢堡排 ▶ page 29）等。

菇類

冷凍方法
切除根部、分成小朵後冷凍。圖片為鴻喜菇、香菇，其他如金針菇、舞菇等也都可以用同樣方法冷凍。香菇的話，切除根部後切成薄片。

調理活用法
輕輕折一下袋子，取出必要的分量，可以不必解凍直接調理。
適用於煮物（菇類當座煮 ▶ page 69）、蒸物（微波調理菇類蒸牛肉 ▶ page 44）、炒物等。

香蕉

❤ 冷凍方法

去皮後切成 1cm 寬左右的圓片。

◉ 調理活用法

取出必要的分量，可以不必解凍直接調理。

適用於奶昔（蔬菜香蕉奶昔▶ **page 69**）、甜點（香蕉核桃蛋糕等）。

高麗菜

❤ 冷凍方法

切絲、撒上約高麗菜重量 2% 的鹽巴，待出水後輕輕擰乾水分。

◉ 調理活用法

輕輕折一下袋子，取出必要的分量，可以不必解凍直接調理。

適用於煮物（高麗菜快煮香腸▶ **page 69**）、湯品或味噌湯的配料，也可當作水餃餡料。

油豆皮

❤ 冷凍方法

切成 3cm 長的條狀。

◉ 調理活用法

輕輕折一下袋子，取出必要的分量，可以不必解凍直接調理。

適用於味噌湯、煮物的配料。或是用高湯稍微煮一下，做成滑蛋豆皮。

蛤蠣、蜆仔

❤ 冷凍方法

確實吐沙後，瀝乾水分再冷凍。貝類冷凍後會更鮮美。

◉ 調理活用法

取出必要的分量，可以不必解凍直接調理。

適用於蛤蠣義大利麵、蒸煮蛤蠣、味噌湯的配料，或是做成蜆仔湯等。

明太子

❤ 冷凍方法

切成圓片，切口朝上，將每一腹都確實包上保鮮膜再放入夾鏈袋中。鱈魚子也能以同樣方法冷凍。

◉ 調理活用法

一腹一腹取出，可以不必解凍直接調理。若要直接食用，則待其自然解凍。

適用於明太子義大利麵（將奶油及明太子放置於常溫下軟化後混合，再加入煮好的義大利麵中拌勻）、丼飯的配料（自然解凍）。

香腸

❤ 冷凍方法

為了避免香腸冷凍後表皮破裂，先用牙籤戳幾個洞再冷凍。

◉ 調理活用法

取出必要的分量，可以不必解凍直接調理。

適用於煮物（高麗菜快煮香腸▶ **page 69**）、炒物、法式蔬菜燉肉鍋的配料。

生魚片（鰹魚）

❤ 冷凍方法

200g 的鰹魚生魚片，配上 2 小匙的醬油、1 小匙的薑（磨成泥）、½ 小匙的味醂，拌勻後冷凍。

◉ 調理活用法

自然解凍的醃漬生魚片可以直接食用。或是不解凍，直接用平底鍋煎好後食用。

薑

❤ 冷凍方法

帶皮整塊冷凍。

◉ 調理活用法

不解凍，直接磨成泥，以薑泥的方式使用。

檸檬

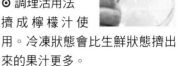

❤ 冷凍方法

橫向對切後冷凍。

◉ 調理活用法

擠成檸檬汁使用。冷凍狀態會比生鮮狀態擠出來的果汁更多。

珠蔥

❤ 冷凍方法

切成蔥花，用廚房紙巾輕拭水分後冷凍。

◉ 調理活用法

蔥花可當成料理的配料或最後的裝飾。

巴西里

❤ 冷凍方法

洗淨後拭去水分再冷凍。徹底冷凍後，只要整袋用手充分搓揉，不用刀切就能搓碎。

◉ 調理活用法

搓碎後，可當成料理的配料或最後的裝飾。

山葵

❤ 冷凍方法

帶皮整根冷凍。

◉ 調理活用法

以冷凍狀態直接研磨成山葵泥使用。比市售的條裝山葵醬更富自然的辛辣味，而且有新鮮的香氣，可以用來當作生魚片的沾醬、放在牛排旁邊，或是當成沙拉醬、日式醬汁的調味料等，用途廣泛。

冷凍蓮藕 ▶ page 64 ✖
薄豬肉片的冷凍調理包·薑燒口味
▶ page 32

蓮藕湯
作法 ▶ page 70

炒牛蒡絲
作法 ▶ page 70

冷凍南瓜 ▶ page 64 ✖
雞腿肉的冷凍調理包·唐多里口味
▶ page 12

南瓜椰子湯
作法 ▶ page 70

小芋頭蒸煮絞肉
作法 ▶ page 70

冷凍牛蒡 ▶ page 64 ✖
冷凍胡蘿蔔 ▶ page 64

冷凍小芋頭 ▶ page 64 ✖
豬絞肉的冷凍調理包·酒鹽口味 ▶ page 20

冷凍番茄 ▶ page 64

冷凍香蕉 ▶ page 65 ✖
冷凍甜椒 ✖ 冷凍番茄 ▶ page 64

番茄莎莎醬風味湯沙拉
作法 ▶ page 70

蔬菜香蕉奶昔
作法 ▶ page 71

菇類當座煮
作法 ▶ page 70

高麗菜快煮香腸
作法 ▶ page 71

冷凍菇類 ▶ page 64

冷凍高麗菜 ▶ page 65 ✖
冷凍香腸 ▶ page 65

冷凍蓮藕 ✖
薄豬肉片的冷凍調理包・薑燒口味
蓮藕湯

材料（2 人份）
冷凍蓮藕 ▶ page 64 ⋯ 150g
薄豬肉片的冷凍調理包
薑燒口味
　　▶ page 32 ⋯ ½袋
水⋯ 2 杯
一味粉⋯少許

作法
① 將薄豬肉片的冷凍調理包輕輕折成適當的大小。
② 鍋中放入冷凍蓮藕、①、材料中的水，以大火加熱，煮滾後將肉片分開，轉中火續煮 10 ～ 15 分鐘。
③ 盛入碗裡，撒上一味粉。

冷凍南瓜 ✖
雞腿肉的冷凍調理包・唐多里口味
南瓜椰子湯

材料（2 人份）
冷凍南瓜 ▶ page 64 ⋯ 200g
椰奶⋯ 1 杯
雞腿肉的冷凍調理包
唐多里口味
　　▶ page 12 ⋯ ½袋
水⋯ 1 杯
香菜⋯適量

作法
① 鍋中放入香菜以外的所有材料，以大火加熱。煮滾後轉小火續煮 15 分鐘。不夠味的話，可隨個人喜好加點鹽巴。
② 盛入碗裡，旁邊擺上香菜。

冷凍番茄
番茄莎莎醬風味
湯沙拉

材料（2 人份）
冷凍番茄 ▶ page 64 ⋯ 2 個
紫洋蔥⋯¼個
青椒⋯ 1 個
A 白葡萄酒醋⋯ 1 小匙
　蜂蜜⋯ 1 小匙
　TABASCO 辣椒醬⋯½小匙
　鹽⋯⅓小匙

作法
① 將冷凍番茄放入耐熱碗中，不封保鮮膜，直接用 600W 的微波爐加熱 3 分鐘。
② 紫洋蔥切碎。青椒去蒂、去籽後切碎。
③ 用叉子大略壓碎①，再將②、A 加進去，充分攪拌。

冷凍牛蒡 ✖ 冷凍胡蘿蔔
炒牛蒡絲

材料（2 人份）
冷凍牛蒡 ▶ page 64 ⋯ 50g
冷凍胡蘿蔔 ▶ page 64 ⋯ 20g
麻油⋯½小匙
A 醬油⋯ 1 小匙
　米酒⋯ 1 小匙
　砂糖⋯ 1 小匙
炒白芝麻⋯少許

作法
① 平底鍋中熱好麻油後，放入冷凍牛蒡，以中火炒。待牛蒡變軟後，再把冷凍胡蘿蔔放進去，續炒至胡蘿蔔變軟為止。
② 將 A 倒入①中，拌炒至收汁為止。盛盤，撒上白芝麻。

冷凍小芋頭 ✖
豬絞肉的冷凍調理包・酒鹽口味
小芋頭蒸煮絞肉

材料（2 人份）
冷凍小芋頭 ▶ page 64 ⋯ 200g
豬絞肉的冷凍調理包・酒鹽口味
　　▶ page 20 ⋯ ½袋
水⋯ ½杯

作法
① 將豬絞肉的冷凍調理包輕輕折成適當的大小。
② 鍋中放入冷凍小芋頭、①、材料中的水，以大火加熱。煮滾後將絞肉分開，轉成中小火，蓋上鍋蓋續煮。過程中需不時攪拌，煮至收汁為止。

冷凍菇類
菇類當座煮 *

材料（2 人份）
冷凍菇類 ▶ page 64 ⋯ 150g
A 米酒⋯ 1 大匙
　醬油⋯½大匙
　味醂⋯ 1 小匙
　砂糖⋯ 1 小匙
　紅辣椒（切成小段）⋯少許

作法
鍋中放入冷凍菇類、A，以中火加熱，時不時攪拌一下，煮至菇類變軟、收汁為止。

＊編註：以醬油、米酒等調味料烹煮的蔬菜或貝類，料理口味偏重，可以保存一段時間。日文中「当座」有「一段時間」之意，因而得名。

冷凍香蕉 ✖ 冷凍甜椒 ✖ 冷凍番茄
蔬菜香蕉奶昔

材料（2 人份）
冷凍香蕉 ▶ page 65 ⋯ 100g
冷凍甜椒 ▶ page 64 ⋯ 50g
冷凍番茄 ▶ page 64 ⋯ 1 個
豆漿⋯1 杯
水⋯½ 杯

作法
將所有材料放入果汁機中打至滑順狀，再倒進玻璃杯中。

冷凍高麗菜 ✖ 冷凍香腸
高麗菜快煮香腸

材料（2 人份）
冷凍高麗菜 ▶ page 65 ⋯ 150g
冷凍香腸 ▶ page 65 ⋯ 4 根
白葡萄酒⋯2 大匙
水⋯½ 杯
顆粒芥末醬⋯2 小匙

作法
① 將所有材料放入鍋中，以大火加熱。煮滾後轉小火，蓋上鍋蓋，續煮約 5 分鐘。
② 盛盤後淋上鍋中殘留的湯汁。

冷凍調理包・食材（肉或魚）
✕
調味的適性表

本書所介紹的冷凍調理包，
各種食材與調味皆能自由組合，
下表中的記號標誌是我特別推薦的組合方式。

	雞胸肉	雞腿肉	雞翅	豬絞肉	牛豬混合絞肉	薄豬肉片	豬排用肉片	牛肉片	鱈魚塊	鮭魚塊	鯖魚塊
法式清湯口味	♣	♣	♣	♣	♣	♣	♣	♣	♣	♣	
唐多里口味	♣	♣	♣		♣	♣	♣				♣
照燒口味	♣	♣	♣			♣	♣			♣	
酒鹽口味	♣	♣	♣	♣	♣	♣	♣	♣	♣		
麻婆口味				♣	♣						♣
漢堡口味				♣	♣			♣			
薑燒口味				♣		♣	♣			♣	
豬肉番茄醬口味	♣	♣				♣	♣				
味噌優格口味	♣	♣	♣			♣	♣			♣	♣
燒肉口味						♣	♣	♣			
苦椒醬口味	♣	♣	♣	♣	♣	♣	♣	♣			♣
紅酒口味				♣	♣	♣	♣	♣			
白酒香草口味	♣	♣	♣						♣	♣	♣
酒粕味噌口味	♣	♣				♣	♣		♣	♣	♣
南洋口味	♣	♣	♣	♣	♣	♣			♣	♣	♣

VF0095X

料理名家私房常備

「冷凍調理包」百變食譜（暢銷經典版）

裝袋、調味、冷凍，11 種主要食材搭配 15 種美味配方，
保存期長、免解凍、方便煮，60 道多國料理輕鬆上桌！

原書名	「味つけ冷凍」の作りおき
作　者	藤井惠
譯　者	林美琪

總編輯	王秀婷
責任編輯	張成慧
版　權	徐昉驊
行銷業務	黃明雪

發行人	凃玉雲
出　版	積木文化

104台北市民生東路二段141號5樓
電話：(02) 2500-7696｜傳真：(02) 2500-1953
官方部落格：www.cubepress.com.tw
讀者服務信箱：service_cube@hmg.com.tw

發　行　英屬蓋曼群島商家庭傳媒股份有限公司城邦分公司
台北市民生東路二段141號11樓
讀者服務專線：(02)25007718-9｜24小時傳真專線：(02)25001990-1
服務時間：週一至週五09:30-12:00、13:30-17:00
郵撥：19863813｜戶名：書虫股份有限公司
網站：城邦讀書花園｜網址：www.cite.com.tw

香港發行所　城邦（香港）出版集團有限公司
香港灣仔駱克道193號東超商業中心1樓
電話：+852-25086231｜傳真：+852-25789337
電子信箱：hkcite@biznetvigator.com

馬新發行所　城邦（馬新）出版集團 Cite（M）Sdn Bhd
41, Jalan Radin Anum, Bandar Baru Sri Petaling, 57000 Kuala Lumpur, Malaysia.
電話：(603) 90563833｜傳真：(603) 90576622
電子信箱：services@cite.my

日文原書製作人員

書籍設計	若山嘉代子
	若山美樹 L'espace
攝　影	吉田篤史
造　型	来住昌美
校　閱	山脇節子
編　輯	杉山伸子
	浅井香織（文化出版局）
發行人	大沼淳

封面完稿	曲文瑩
內頁排版	優士穎企業有限公司
製版印刷	上晴彩色印刷製版有限公司

城邦讀書花園
www.cite.com.tw

"AJITSUKE REITÔ" NO TSUKURIOKI
Copyright © 2015 by Fujii Office
First published in Japan in 2015 by EDUCATIONAL FOUNDATION BUNKA GAKUEN BUNKA
PUBLISHING BUREAU, Tokyo
Traditional Chinese translation rights arranged with EDUCATIONAL FOUNDATION BUNKA
GAKUEN BUNKA PUBLISHING BUREAU, Tokyo
through Japan Foreign-Rights Centre/ Bardon-Chinese Media Agency

國家圖書館出版品預行編目（CIP）資料

料理名家私房常備「冷凍調理包」百變食譜：裝袋、調
味、冷凍,11種主要食材搭配15種美味配方,保存期長、
免解凍、方便煮,60道多國料理輕鬆上桌!/藤井惠著；林
美琪譯. -- 二版. -- 臺北市：積木文化出版：英屬蓋曼群
島商家庭傳媒股份有限公司城邦分公司發行, 2022.10
面；　公分
譯自：「味つけ冷凍」の作りおき
ISBN 978-986-459-459-7(平裝)

1.CST: 食品保存 2.CST: 冷凍食品 3.CST: 食譜

427.74　　　　　　　　　　　111016275

2022年10月18日　二版一刷　　　　　　　　Printed in Taiwan.
售　價／NT$380
ISBN 978-986-459-459-7
版權所有‧翻印必究